身边生动的自然课

水生植物乐园

高 颖◎主编 吕忠平◎绘

吉林科学技术出版社

图书在版编目（CIP）数据

水生植物乐园 / 高颖主编. — 长春 : 吉林科学技
术出版社，2021.3
（身边生动的自然课）
ISBN 978-7-5578-5256-6

Ⅰ.①水… Ⅱ.①高… Ⅲ.①水生植物—儿童读物
Ⅳ.①Q948.8-49

中国版本图书馆CIP数据核字(2018)第300011号

身边生动的自然课 水生植物乐园

SHENBIAN SHENGDONG DE ZIRANKE SHUISHENG ZHIWU LEYUAN

主　　编	高　颖
绘　　者	吕忠平
出 版 人	宛　霞
责任编辑	杨超然　汪雪君
封面设计	纸上魔方
制　　版	纸上魔方
幅面尺寸	226 mm × 240 mm
开　　本	12
印　　张	4
字　　数	32千字
印　　数	1—6000册
版　　次	2021年3月第1版
印　　次	2021年3月第1次印刷
出　　版	吉林科学技术出版社
发　　行	吉林科学技术出版社
地　　址	长春净月高新区福祉大路5788号出版集团A座
邮　　编	130118

发行部电话/ 传真　0431-81629529　81629530　81629531
　　　　　　　　　　81629532　81629533　81629534

储运部电话　0431-86059116

编辑部电话　0431-81629520

印　　刷　吉林省创美堂印刷有限公司

书　　号　ISBN 978-7-5578-5256-6

定　　价　19.90元

前　言

"物竞天择，适者生存。"无论身处何种环境，生物总是用自己独特的生存方式演绎着生命的乐章，它们与人类的发展相依相伴。它们拥有独特的优势，凭借着自身的智慧繁衍着。

本系列图书带我们走入生物的世界，揭开大自然的奥秘。从鸟类捕食的致命一扑，到海滨动物奇妙的家；从动植物特征到动植物分类。针对生物界神秘的语言、复杂的生存环境，将它们的生长、繁育、捕猎、防御、迁徙、共生等生活细节以精美的插画形式充分展现，帮助小读者形成较完整、准确的生物知识架构，建立学科思维。

目 录

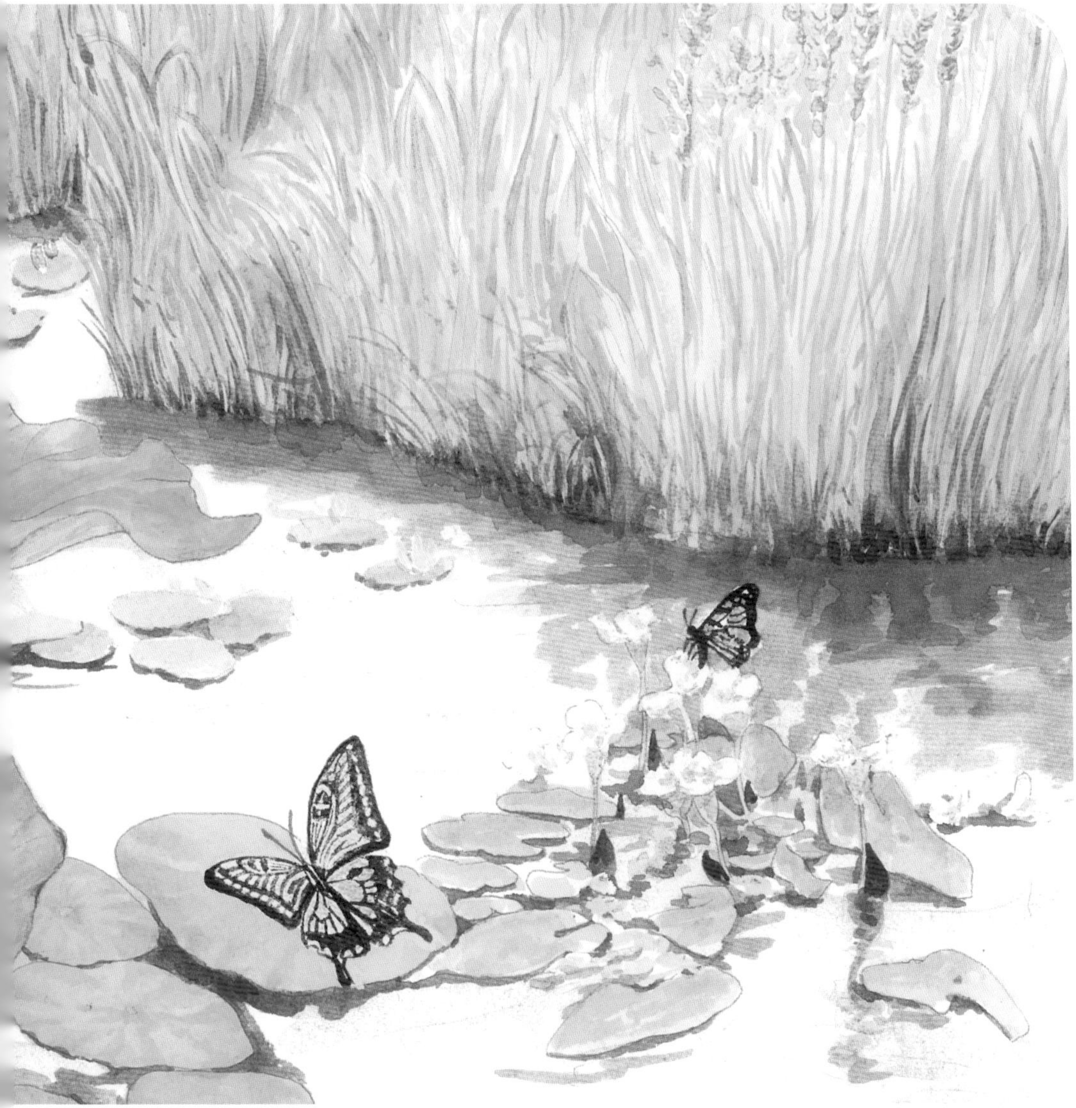

田字萍主要生长在池塘浅水处、稻田、沟溪等地。它的根茎匍匐生长在水下，叶子由四瓣构成。田字萍属于蕨类植物，不开花，也不结果，依靠孢子繁殖。孢子于8~11月成熟，被风一吹，散落在有水的地方，就会长出新的个体。

田字萍 〔萍属〕

四片小叶为倒三角形，呈"十"字形排列。

秋天，田字萍的叶子开始变黄，有绿色的、黄色的、浅黄色的，漂浮在水上，煞是好看。

夏天，孢子囊长出来了，形态酷似豆芽。

田字萍生长快，形态美观，可在水景园林的浅水中进行布景。

别称：四叶萍

科：萍科

花期：无

叶柄长：20~30厘米

戟叶蓼生长速度快，适合生长在田垄或水边。它在每年 8~9 月开花，小花成簇开放，花朵有白色、粉色和红色。

叶子长 3~9 厘米，与盾牌形状极为相似，边缘长有茸毛。

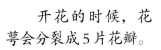

开花的时候，花萼会分裂成 5 片花瓣。

花生长在枝端或叶腋，花朵只有米粒般大小，聚集生长在一处。

别称：苦荞麦

科：蓼科

花期：每年 8~9 月

高度：60~90 厘米

水蓼主要分布在水边或湿地，每年6~9月开花，但它没有花瓣，是穗状花序，花朵生长得较为稀疏。水蓼因口感咸中带辣而得名。然而，水蓼对鱼的毒性较大，所以人们喜欢把水蓼捣碎撒在水中，待鱼中毒昏厥浮到水面上，然后进行捕捞。

水蓼

【蓼属】

花萼末端为红色，到了秋季，叶子也变成了红色。

茎呈直立生长，一节节的，节部膨大突出。

别称： 水蓼草、蓼子草、斑蕉草
科： 蓼科
花期： 每年6~9月
高度： 20~80厘米

睡莲是一种生长在池塘里的水生植物。乍一看与荷花非常相似。它在每年6~8月开花，白天花瓣绽开，晚上则闭合。当它凋谢的时候，花瓣也是闭合的，并且垂入水中。它的果实也没入水中，在水中逐渐成熟。

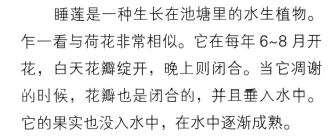

睡莲
〔睡莲属〕

睡莲的根茎长在水下，而且茎非常肥厚。

睡莲的花色有粉红、白色等，花朵漂浮在水面上。

别称：子午莲、茈碧莲、白睡莲

科：睡莲科

花期：每年6~8月

高度：约100厘米

荷花的叶子非常大，像一把小伞，直径可达 40 厘米。叶子多为圆形或盾形。

荷花夏季开花，花朵挺出水面，直径可达 10~20 厘米。花朵白天绽放，夜间闭合。花朵凋谢后，会长出像喷壶喷嘴一样的莲蓬，莲蓬里有莲子，莲子可生食，也可以晒干后食用，具有补脾止泻、清凉下火等功效。

荷花 〔莲属〕

别称：莲花、水芙蓉

科：睡莲科

花期：每年 6~9 月

高度：100~200 厘米

芡又被称为"刺莲藕"，这是因为它的叶子、茎干和花苞上都长着刺。它的叶子巨大，直径可达 2 米，稳稳地浮在水面上。每年 7~9 月开花，花瓣为紫色，花凋谢后，会结出浆果。它几乎全身都是宝，它的种子可供食用和酿酒，还可以入药，种子仁经过碾磨可以制成淀粉，根、茎、叶都可以药用，整株可做饲料。

芡叶子巨大，布满褶皱。花朵颜色鲜艳。

芡实可药用，补脾止泻。

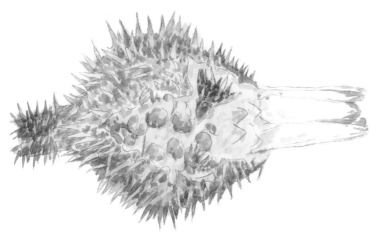

芡的果实有时候也能穿透叶子，形似栗子。果实成熟后，果皮会裂开，里面圆圆的种子（即芡实）会滚落出来。

别称：假莲藕、鸡头莲、鸡头荷、鬼莲

科：睡莲科

花期：每年 7~9 月

高度：20~200 厘米

水毛茛叶子像针一样尖，与金鱼藻相似，而它的花朵则与梅花相似。水毛茛在我国非常常见，主要分布在水田、泥塘和水塘等水域。水毛茛春季生长最为茂盛，在插秧前就开花结籽了。

花朵的花瓣为白色，基部为黄色，呈倒卵形。

种子繁殖是水毛茛最重要的繁殖方法之一。上图为冬芽繁殖出来的新株，比用种子繁殖的速度快。

别称：无

科：毛茛科

花期：每年5~8月

高度：约50厘米

毛茛又被称为"野芹菜"，这是因为它的叶子跟芹菜的叶子形状非常相似。它的体内充满毒素，要是不小心接触到毛茛的汁液，皮肤会长出水泡。正因如此，它常被人们用来制作杀菌剂。将毛茛捣碎外敷，有消肿的功效，也可用于治疗疮癣。

与芹菜不同的是，毛茛开的花是黄色的，芹菜的花是细碎的白花，这有助于我们将两者分开，以免误食。

毛茛〔毛茛属〕

茎直立生长，中空。

黄色花朵有5片花瓣。

别称：野芹菜

科：毛茛科

花期：每年 4~9 月

高度：30~70 厘米

石龙芮 【毛茛属】

石龙芮通常生长在有青蛙的水田或溪边，每年 5 月开花，花朵为鲜艳的黄色，结出来的果实又细又长。到了冬天，叶子依旧翠绿。

石龙芮整株有毒，不可食用，但是捣碎后外敷，可以治疗疮毒、蛇毒等病症。

雌蕊中的子房发育成果实，上面生长着细小的、密密麻麻的种子。

叶片类似肾状，长度为 1~4 厘米，宽度为 1.5~5 厘米。

茎是中空的。

花朵中间有绿色、球状的雌蕊。在花瓣的下方长有蜜腺，会分泌糖液。

别称：黄花菜

科：毛茛科

花期：每年 5~8 月

高度：10~50 厘米

野凤仙花因长得像凤仙花而得名，又因它生长在水边，所以也有人称它为"水凤仙"。它每年8~9月开花，花朵为鲜艳的紫色，若是将花瓣捣碎，其汁液能将指甲染红。有趣的是，轻轻一碰它的籽荚，就能弹射出非常多的籽儿，所以它和凤仙花一样，花语都是"别碰我"。

叶子边缘有很多锯齿，长度为3~13厘米，宽度为3~7厘米。

野凤仙花 [凤仙花属]

花朵为紫色，花瓣下部内面有斑点，背部卷曲的部分为它的蜜腺。

别称：假凤仙花

科：凤仙花科

花期：每年8~9月

高度：40~90厘米

光千屈菜

[千屈菜属]

光千屈菜每年 5~8 月开花，成簇生长，逐层绽放，从笔直伸展的枝条顶端一直开到近底端，即使是一棵光千屈菜，看起来也像一捧花，非常夺目。正因如此，它常被人们用来插花或被种植在湿地或花园，供人们观赏。

光千屈菜的花朵为桃粉色，开花时，会吸引蝴蝶、蜜蜂前来吸取花蜜。

别称：无

科：千屈菜科

花期：每年 5~8 月

高度：约 100 厘米

光千屈菜的枝叶上几乎无茸毛，有茸毛的品种叫作千屈菜。

丘角菱因叶子近乎为菱形而得名。它的根扎在水底的淤泥里，叶柄中部有一处膨大的气囊，可以使叶子漂浮在水面上。

夏天，为了接受更多阳光的照射，叶子还会向四外扭转。如果植株茎干被暴风雨或湍急的水流折断，没有根的那部分浮在水面上也能继续生长。

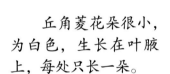

丘角菱花朵很小，为白色，生长在叶腋上，每处只长一朵。

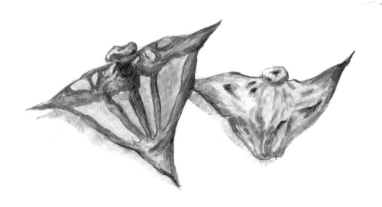

果实于秋季成熟，可药用，也可生食或从中提取制得淀粉。

丘角菱 [菱属]

-23-

别称：无

科：菱科

花期：每年 5~10 月

果期：每年 7~11 月

半边莲喜潮湿环境，稍耐轻湿干旱，耐寒。半边莲的花朵倾向一侧，而且形似胡须，乍一看，还有点儿像展翅飞翔的大雁。它的花期长，5~8月都在开花，花冠为粉红色或白色。幼苗时期，它的叶子为圆形，随着植株慢慢长大，叶子会变得越来越长。它还可入药，具有清热解毒、利尿消肿的功效。

幼苗时期的花瓣。

别称：蛇舌草、急解索、细米草

科：桔梗科

花期：每年 5~8 月

高度：3~15 厘米

生长时期的花瓣为椭圆状披针形或条形，无柄或近乎无柄。

香蒲是一种经济价值非常高的水生植物，几乎全身是宝。它的花粉可入药；叶片柔软又坚韧，可用来编织器物或工艺品，茎叶纤维可造纸；幼叶的基部和根状茎的先端都可做菜吃；雌花序可用作枕芯和坐垫的填充物。此外，香蒲的花序粗壮，叶子纤细秀美，常被用来做插花饰品。

种子下方约
1 毫米处，长有
蓬松的冠毛。

叶子又细又长。

形似香肠的果实。

别称： 东方香蒲

科： 香蒲科

花期： 每年 5~8 月

高度： 100~200 厘米

苦草是一种雌雄异株植物，在还没开花的时候，雌花的花梗呈笔直状，传粉之后会慢慢变成螺丝状。每年8~9月开花，雌花会探出水面绽放，而雄株则会把雄花包在像花冠的苞片里。当雌花绽放的时候，雄花的苞片破裂，里面的花粉撒落在水面上，实现传粉。

雌花完成传粉后，卷成螺旋状的雌花梗就沉入水中，然后结出大概10厘米长的果实。

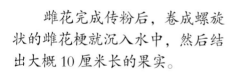

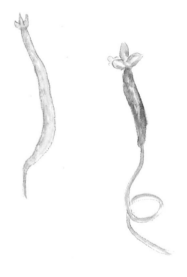

别称：蓼萍草、扁草

科：水鳖科

花期：每年8~9月

高度：30~70厘米

雄花长1毫米，雌花长1~2厘米。果实呈圆柱形，长度为5~30厘米。

龙舌草因为样子与车前草相似，又因生长在水中而得名。每年的4~10月开花，花瓣较大，凋谢后溶化在水中。因为它的雌蕊着生在雄蕊的下方，传粉十分便利，所以就算只有一天的开花时间，也不会影响传粉的效果。它的嫩叶可以食用，将根、叶捣烂外敷，还可用于治疗烫伤、灼伤等症。

叶片呈褶皱状。整株可以做饲料，也可食用，茎叶捣烂可敷治痈疽、汤火灼伤等症。

雄蕊的下方是雌蕊，雌蕊的下方是子房，子房里面装有数颗种子。

花朵有3片花瓣，花朵与硬币大小相似。

科：水鳖科

花期：每年4~10月

高度：25~50厘米

稗草与水稻长得极为相似，但生长速度比水稻快，会与水稻争抢地里养分。当稗草和水稻成熟的时候，人们可以很快地区分出它们。这是因为，稻子成熟后为金黄色，而稗草成熟后为灰色。稗草是马、牛、羊等牲畜喜爱的饲料，在饥荒年代，人们也会拿它的种子来煮粥。

花序为穗状。

稗草的叶子又细又长。

别称：稗子

科：禾本科

花期：每年 7~10 月

高度：30~90 厘米

茎叶可以作为造纸原料。根和幼苗可药用，具有止血功能，主治创伤出血。

菰最高可达 2 米，具有根状茎，地上茎分枝多，向四周延伸，形成枝丛。鸟儿们喜欢到这里来筑巢，这是因为，这里不仅是它们的庇护所，还有菰的种子可吃。菰的肉质茎可食用，不仅可以清暑解烦，还可以清热通便。

叶子又细又长，叶梢尖利，容易划伤皮肤。

花序为穗状，当花穗逐渐变得丰满，雌花下方的雄花才会逐渐显露出来。

剥掉肉质茎外面那层"外衣"，露出白色的肉质。

别称： 茭白、茭瓜、茭笋、水笋

科： 禾本科

花期： 每年 8~9 月

高度： 100~200 厘米

它的花穗很长，长度为 20~40 厘米。它的花穗像毛茸茸的棉花。

芦苇是水生植物界的高个子，最高可达 3 米。芦苇的茎直立生长，秋天时会变成黄褐色，花穗则为淡黄色，当微风拂过，一片芦苇林仿佛涌起了黄褐色的波浪。芦苇的用途广泛，不仅可用来制成重要的建筑材料，还可作为造纸原料。

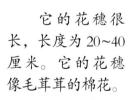

芦苇
〔芦苇属〕

叶子又细又长，尾部尖锐。

芦苇的秆是制管乐器（比如萨克斯）中簧片的主要材料，统称芦苇片。竹笛的笛膜取自多为芦苇茎秆的内膜。

别称：苇、芦、芦笋
科：禾本科
花期：每年 8~9 月
高度：100~300 厘米

浮萍是一种叶子浮在水面上生长的植物，主要漂浮在池塘、水田、泥塘中。人们常常用它来制成猪饲料、鸭饲料，有时甚至用作草鱼的饵料。

浮萍叶子的背面多为紫色，长有5~11条纵向根。

长出新芽

在叶子旁边长出花朵

结出果实

别称：青萍、田萍、浮萍草、水萍草

科：浮萍科

花期：每年7~9月

灯芯草又被称为野席草，这是因为它可以用来编织坐垫和草席。它的茎非常纤细，用它编制成的草席质地细密，坐起来非常舒适。

此外，由于剥开茎的外皮，可以看到有一条如面条一般白色的芯，能用来制作灯芯，因此得名灯芯草。

花朵为绿色。

别称： 龙须草、野席草

科： 灯芯草科

花期： 每年 5~6 月

高度： 50~100 厘米

灯芯草晒干后取出来的茎髓可入药。

结出的果实一粒粒的，果壳开裂后，里面的种子会滚出来。

凤眼蓝生长在水面上，它的根像胡须，茂密而细长，长在水下，长度可达 30 厘米。它的叶柄上有一处膨大，看上去像鱼鳔，里面充满气体。正因如此，凤眼蓝才能浮在水上。

它的生长繁殖速度非常快，能很快长满整条河道或整个池塘，它的全根和植株可以药用，晒干后具有清热解毒等功效。

叶子为圆形、宽卵形或宽菱形。

凤眼蓝生长迅速，没多久就可以长满池塘。

别称：凤眼莲

科：雨久花科

花期：每年 7~10 月

高度：30~60 厘米

鸭舌草生长在水面上，它的叶柄处有一个膨大的囊状组织，里面充满气体，像救生圈一样，使整株植物可以浮在水面上。鸭舌草在秋季开花，花朵从叶柄膨大处绽放，待完成授粉后，会结出椭圆形的果实。鸭舌草开花结果后，植株不会很快枯萎，而是可以继续生长。鸭舌草全年可采，鲜用或晒干均可，具有清热解毒的功效。

有的鸭舌草生长在水稻植株的间隙里，花朵非常小，不易被发现。

在叶柄膨大的地方开出花朵，花朵为蓝色。

鸭舌草的叶片较为肥嫩。

叶子丛生成簇。

别称：鸭儿嘴、接水葱

科：雨久花科

花期：每年 8~9 月

高度：10~30 厘米

花菖蒲因叶子与菖蒲相似，并能开出鲜艳的花朵而得名。其根状茎短而粗，可以入药，对治疗积食疗有一定的效果。花菖蒲在开花前，很难跟菖蒲区分开来，一旦开花，从花色、花形等就可以将二者区分。花菖蒲的花为紫色，花瓣形似舌头，其上长有黄色斑纹。

叶子为线形，又细又长。

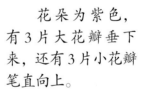

花朵为紫色，有3片大花瓣垂下来，还有3片小花瓣笔直向上。

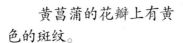

黄菖蒲的花瓣上有黄色的斑纹。

花朵凋谢后，下方的子房会发育成果实，果实中的种子呈扁平状，待成熟后，变为棕色。

科：鸢尾科

花期：每年6~7月

高度：60~120厘米

荸荠的根状茎匍匐延伸，茎秆分枝较多，丛生成簇，直立生长。荸荠匍匐茎前端为球状，称为球茎。球茎既可以当成水果生吃，也可以做成菜肴。球茎还富含淀粉，可供药用，具有解毒、消食、健肠胃的功效。

花呈穗状，生于枝端。

荸荠去除表皮后，里面的肉质洁白，味甜多汁，清脆可口。

别称： 马蹄、芍、凫茈、乌芋、菩荠

科： 莎草科

花期： 每年 5~10 月

高度： 15~60 厘米

稻是人类主要的粮食作物之一，叶子为线状披针形，幼苗时为绿色，成熟后变为黄色。它的花为穗状，花朵凋谢后会结出果实，即稻谷。用碾米机将稻谷表皮去掉，脱壳后就是稻米。稻米可做成米饭，还可以酿酒、酿醋，制成淀粉等。那些"壳"碾碎后就是米糠，米糠可制糖、榨油，还可以提取糠醛。稻秆可用作饲料、造纸原料和编织材料。

别称：稻谷

科：禾本科

花期：早稻、晚稻不同

高度：50~150 厘米

将稻米放入锅中，加水蒸煮，就做成了香喷喷的米饭。

稻 [稻属]

金鱼藻沉于水下生长，整株为暗绿色，茎细柔，有分枝。它的叶子没有叶柄，叶片分裂成多条，每条裂片呈线状。每年 6~7 月开花，花着生于叶腋。

金鱼藻整株可入药，四季可采，经晒干后备用，主要用于止血。此外，金鱼藻还可以制成家禽的饲料和鱼饵。

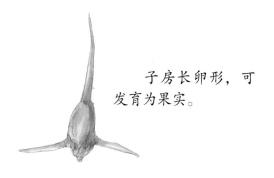

子房长卵形，可发育为果实。

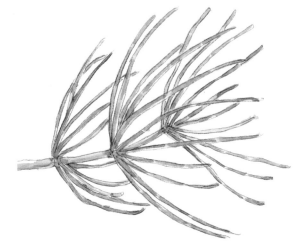

金鱼藻常被用于鱼缸布景。

别称：细草、鱼草、软草、松藻

科：金鱼藻科

花期：每年 6~7 月

茎长：40~150 厘米

燕子花因花朵形似燕子而得名。它的根状茎较为粗壮，微微斜伸；叶子为灰绿色，又细又长。每年5~6月开花，花茎为实心，且光滑，花朵为蓝色，在绿叶的掩映下，远远望去就像燕子飞在绿叶间。

别称：平叶鸢尾、光叶鸢尾

科：鸢尾科

花期：每年5~6月

高度：80~120厘米

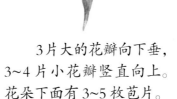

3片大的花瓣向下垂，3~4片小花瓣竖直向上。花朵下面有3~5枚苞片。

燕子花〔鸢尾属〕

泽泻 [泽泻属]

泽泻一部分叶子沉于水中，一部分挺出水面。它的花期很长，5~10月都有花开，花朵较大，为白色，可做观赏花卉。

花朵有3片花瓣，花序很长。

别称：水泽、如意花

科：泽泻科

花期：每年 5~10 月

高度：10~25 厘米

虽然泽泻全株有毒，地下块茎毒性更大，但它是一味十分常见的中药材。

叶片为绿色，
有白色条纹。

由于叶片非常柔软，形似丝带，因而得名丝带草。丝带草幼苗时，是牲畜的优良牧草。它的再生能力非常强，被收割或放牧以后，很快就会长出新的枝叶。它的茎秆还可以用来编织物品或造纸。

丝带草 [藨草属]

铜锤丝带草是一种一年生的匍匐纤细的草本植物，它平卧地表，与丝带草有很大的区别。

分枝直立向上生长，枝端长有密密麻麻的小穗。

别称：玉带草

科：禾本科

花期：每年 6~8 月

高度：60~140 厘米